目　次

前　言

本标准由中国电力企业联合会标准化管理中心负责管理，中国电力企业联合会规划与统计信息部负责日常管理和具体技术内容的解释。

本标准由中国电力企业联合会提出。

本标准由中国电力企业联合会归口。

本标准负责起草单位：中国电力企业联合会、国网南瑞集团中电普华信息技术有限公司。

本标准参加起草单位：国家电网公司、中国南方电网有限责任公司、中国大唐集团公司、中国华电集团公司、中国电力投资集团公司。

本标准主要起草人：欧阳昌裕、梁维列、于明、周霞、侯勇、曹占峰、陈张帆、高昂、单吉星、林晓静、刘海涛、刘道新、谢育新、梁永磐、蔡声芸、要建华、胡航海、张健、李兴桂、姚忠森、王刚军、刘海峰。

本标准由中国电力企业联合会规划与统计信息部负责解释。

本标准在执行过程中的意见或建议反馈至中国电力企业联合会标准化管理中心（北京市白广路二条一号，100761）。

ICS 03.120.30

F 04

备案号：50093-2015

中华人民共和国电力行业标准

DL/T 1450—2015

电力行业统计数据接口规范

Data interface specification of electric power industry statistics

2015-04-02发布

2015-09-01实施

国家能源局　发 布

电力行业统计数据接口规范

1 范围

本标准规定了电力行业统计职能承担单位之间进行数据报送与信息交换过程中数据接口的数据要求、数据内容、技术规范，以及编码接口的技术架构、接口参数、错误信息处理等基本技术要求。

本标准适用于电力行业统计职能承担单位之间进行数据报送与信息交换。

2 规范性引用文件

下列文件对于本文件的应用是必不可少的。凡是注日期的引用文件，仅注日期的版本适用于本文件。凡是不注日期的引用文件，其最新版本（包括所有的修改单）适用于本文件。

GB/T 2260　中华人民共和国行政区划代码

GB/T 4754—2011　国民经济行业分类

国统制〔2013〕137　电力行业统计报表制度

3 术语和定义

下列术语和定义适合本标准。

3.1

数据　data

事实、概念或指令的一种形式化的表示形式，以适合于人工或自动方式进行通信、解释或处理。

3.2

数据元　data element

用一组属性描述定义、标识、表示和允许值的数据单元。

3.3

报文　message

由报文头和报文体组成。

3.4

报文头　message header

开始并唯一标识报文的服务段。

3.5

报文体　message body

数据发布报文的主体内容，包含一条或多条数据记录。

3.6

代码　code

表示特定事物（或概念）的一个或一组字符。

3.7

安全套接层　secure sockets layer，SSL

为网络通信提供安全及数据完整性的一种安全协议。

3.8

web services

是一个平台独立的、低耦合的、自包含的、基于可编程的 web 的应用程序，这些应用程序可使用开放的 XML（标准通用标记语言下的一个子集）标准来描述、发布、发现、协调和配置，用于开发分布式的互操作的应用程序。

3.9

服务提供者 service provider

提供能够独立完成一定功能应用程序的一方。

3.10

服务消费者 service consumer

请求服务提供者的程序完成一定功能的一方。

4 数据接口

电力行业统计数据报送接口依据国统制〔2013〕137 号进行设计，把数据划分成易于统计的数据单元，如项目、电厂、发电机组、负荷特性、线路、变电站、无功补偿等数据单元。电网公司、发电集团公司、行业协会等报送单位推送数据至电力行业统计信息系统，接口依据指标间关系自动生成电力行业统计报表制度中的报表。总体架构见图1。

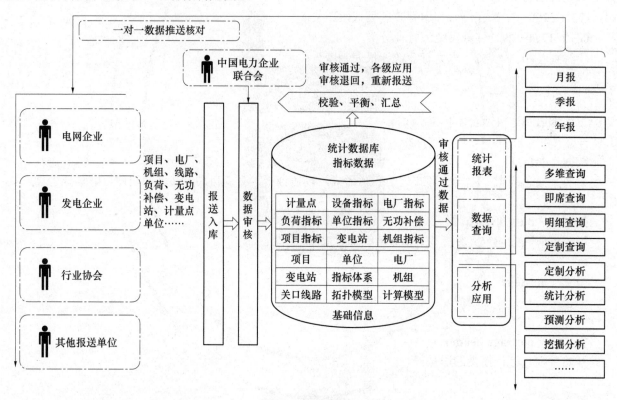

图 1　总体架构

4.1 数据要求

4.1.1 数据范围

按照国家统计局批准的电力行业统计报表制度，接入数据主要包括电网投资专业、电源投资专业、发电生产专业和供用电专业数据。

4.1.2 采集频率

原则上以月为单位，部分数据以季或年为单位。

4.1.3 采集方式

采集对象是各电力行业统计职能承担和参与单位，主要系统用户包括国家电网公司、中国南方电网公司、区域电网公司、省电力（网）公司、发电集团公司、省级电力行业协会、部分省区经贸委等。数据采集方式为通过网络进行数据交换，电力行业统计信息系统提供 web services、网页形式两种数据交换方式。本规范要求对通过网络进行传输的数据进行压缩和加密，加密方法选择 SSL 协议提供的服务进行数据加密。

4.1.4 数据校验规则

通过以下的规则对接入数据进行校验：

a) 枚举值校验。数据字段属性为"值列表"，校验字段值须在值列表中。具体见附录 A 规范要求。

b) 有效性校验。数据字段属性存在有效数据范围，校验字段值须在有效数据范围内。具体见附录 A 规范要求。

c) 唯一性校验。通过字段属性组合形成业务逻辑主键，校验并保证业务逻辑主键唯一性。具体见附录 A 规范要求。

4.2 数据内容

按照电力行业统计报表制度对电力行业统计数据进行拆分，确保每项数据信息为可扩展符合统计逻辑的数据值，接口采集数据主要包括项目、电厂、发电机组、线路、变电站、负荷特性、无功补偿。报送单位除传送细项数据外，应包含细项的总计数据。详细数据组成见表1。

表 1 总 体 数 据 组 成

专 业	推送项	别名	备 注
电源投资专业	项目	XM	包含总计
电网投资专业	项目	XM	包含总计
发电生产专业	电厂	DC	包含总计
	电厂运行指标	DCYX	
	发电机组	JZ	包含总计
	发电机组运行指标	JZYX	
供用电专业	线路	XL	包含总计
	负荷特	FH	包含最大
	无功补偿	WGBC	包含总计
	变电站	BDZ	包含总计
	供用电指标集	GYD	包含总计
	区域电量交换	QU	
其他	其他类型指标	QT	

表中专业划分为电源投资专业、电网投资专业、发电生产专业、供用电专业；内容应符合：

a) 电源投资专业数据拆分最小数据单元为项目数据，电源项目数据指标由 A.2 电力行业统计数据指标集（公共指标）和 A.3 项目指标集组成。

b) 电网投资专业数据拆分最小数据单元为项目数据，电网项目数据指标由 A.2 电力行业统计数据指标集（公共指标）和 A.3 项目指标集组成。

c) 发电生产专业拆分最小数据单元为电厂数据、电厂运行数据、发电机组数据、发电机组运行数据，电厂数据指标由 A.2 电力行业统计数据指标集（公共指标）和 A.4 电厂指标集组成；电厂运行数据指标由 A1 电力行业统计数据指标集（公共指标）和 A.5 电厂运行指标集组成；机组数据指标由 A.2 电力行业统计数据指标集（公共指标）和 A.6 机组指标集组成；机组运行指标是由 A.2 电力行业统计数据指标集（公共指标）和 A.7 机组运行指标集组成。

d) 供用电专业拆分最小数据单元为线路数据、负荷数据、变电站、无功补偿器、区域电量交换、供用电。线路数据指标由 A.2 电力行业统计数据指标集（公共指标）和 A.8 线路指标集组成；负荷数据指标由 A.2 电力行业统计数据指标集（公共指标）和 A.9 负荷指标集组成；变电站数据指标由 A.2 电力行业统计数据指标集（公共指标）和 A.10 变电站指标集组成；无功补偿器数据指标由 A.2 电力行业统计数据指标集（公共指标）和 A.11 无功补偿指标集组成；区域电量交换由 A.2 电力行业统计数据指标集（公共指标）和 A.12 区域电网电量交换情况指标集；单位（用电）数据指标由 A.2 电力行业统计数据指标集（公共指标）和 A.13 单位指标集组成。

4.3 技术规范

4.3.1 技术架构

应用之间通过 web services 进行集成。其中工作角色主要有服务提供者、服务消费者，见图 2。

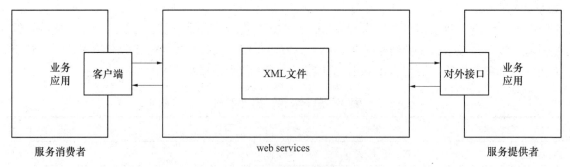

图 2 应用集成图

其中，服务提供者负责开发、定义服务，并以 web services 的形式发布于外网；服务消费者通过客户端调用服务提供者服务，并通过服务提供者来执行服务。在推送接口，中国电力企业联合会为服务提供者，数据推送单位为服务消费者；在提取过程中，数据报送单位为服务提供者，中国电力企业联合会为服务消费者。

本标准采用数据推送为主，既服务提供者为中国电力企业联合会。

4.3.2 接口参数

接口参数说明如下：

a) 推送接口分为数据传输、结果反馈两部分内容。推送接口设有关门时间，当报表期结束后数据不能再进行推送，如要进行补报需申请开通补报权限。

    1) 数据传输接口参数包含数据提取部分报文头和报文体两部分。其中报文头信息包含推送项名称、单位、年、月等字段，详见附表 A.2 电力行业统计数据指标集表（公用部分），报文体部分根据指标编码、指标名称、规范编码、数据内容形成复杂体迭代数据进行传送。复杂体迭代数据的传送需形成 XML 格式文件，参考附录 C。

    2) 结果反馈部分报文头同数据提取部分，报文体为 N/Y 加抛出错误语句，一次提取存在任何一项错误都为 N，一次提取全部完成为 Y。接口参数结构图见图 3。

b) 提取接口为补充接口只针对单张报表，分为请求部分、数据传输、结果反馈三部分内容。

    1) 请求接口参数内容包含采集项名称、单位代码、年、月四段内容，见表 2。

    2) 数据传输接口参数包含数据提取部分报文头和报文体两部分。其中报文头信息包含表号、单位、年、月等字段，详见附表 A.2 电力行业统计数据指标集表（公用部分），报文体部分根据指标编码、指标名称、规范编码、数据内容形成复杂体迭代数据进行传送。复杂体迭代数据的传送需形成 XML 格式文件，参考附录 C。

    3) 结果反馈部分报文头同数据提取部分，报文体为 N/Y 加抛出错误语句，一次提取存在任何一项错误都为 N，一次提取全部完成为 Y。接口参数结构图见图 4。

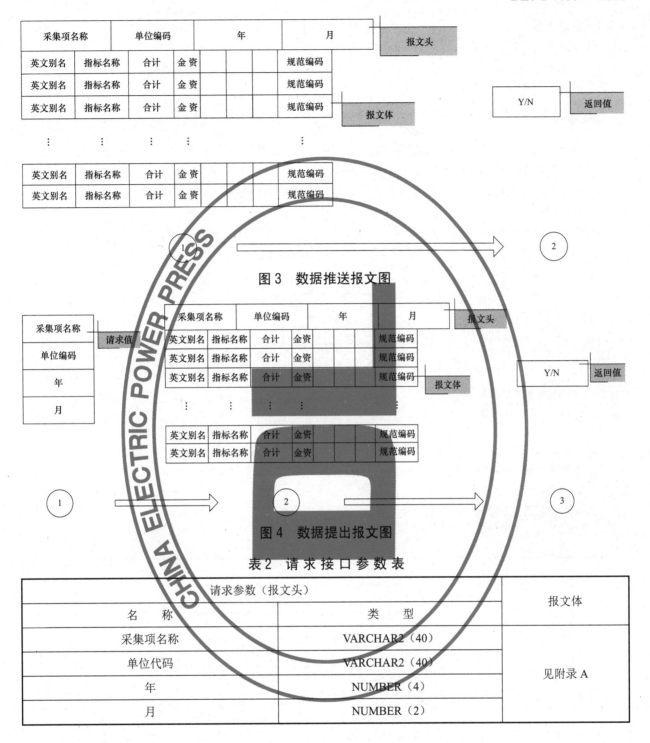

图 3　数据推送报文图

图 4　数据提出报文图

表 2　请 求 接 口 参 数 表

请求参数（报文头）		报文体
名　　称	类　　型	
采集项名称	VARCHAR2（40）	见附录 A
单位代码	VARCHAR2（40）	
年	NUMBER（4）	
月	NUMBER（2）	

4.3.3　错误处理机制

电力行业统计信息系统接收数据时一旦发生错误，电力行业统计数据报送接口应将详细的错误信息返回给相关业务系统，并由各系统对错误进行记录分析和整改。

4.4　一对一数据传输接口

4.4.1　数据范围

经审核汇总后的全国电力工业统计月报、年报数据及其他电力行业统计数据。

4.4.2　发送频率

原则上以月为单位，部分数据以季或年为单位。

4.4.3 发送方式

电力行业统计信息系统提供 web services 数据发送方式。

4.4.4 技术规范

同 4.3 技术规范。

5 编码接口

5.1 统计管理信息系统与企业级编码器接口

企业级编码器是搭建在电力行业统计信息系统上的一套独立的应用程序，主要生成单位、项目、电厂、发电机组、变电站、变压器、线路、省间线路计量点编码信息，为电力企业提供实时服务。

5.1.1 技术架构

应用之间通过 web services 进行集成。其中工作角色主要有服务提供者、服务消费者，见图 5。

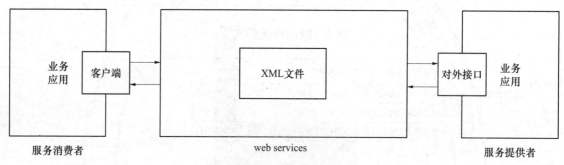

图 5 应用集成图

其中服务提供者（中国电力企业联合会）负责开发、定义服务，并以 web services 的形式发布于外网；服务消费者通过客户端调用所需服务，并通过服务提供方来执行服务。

5.1.2 接口参数

企业级编码器接口参数见表 3。

表 3 企业级编码器接口参数

类别	请 求 参 数		返回值（行标代码）
	名　　称	类　　型	
单位（DW）	单位名称	VARCHAR2（80）	Char（10）
	系统代码	VARCHAR2（40）	
	中央或国家级单位编码	CHAR（2）	
	单位所在省	NUMBER（2）	
	单位所在地	NUMBER（2）	
	单位所在县	NUMBER（2）	
项目（XM）	项目名称	VARCHAR2（200）	Char（20）
	系统代码	VARCHAR2（40）	
	项目分类	CHAR（2）	
	单位编码	CHAR（10）	
	申请年份	NUMBER（2）	

表 3（续）

类别	请 求 参 数		返回值（行标代码）
	名　　称	类　　型	
电厂（DC）	电厂名称	VARCHAR2（80）	Char（12）
	系统代码	VARCHAR2（40）	
	所属集团	CHAR（10）	
	发电类型	CHAR（3）	
	所属省	NUMBER（2）	
	所属市	NUMBER（2）	
	所属县	NUMBER（2）	
发电机组（JZ）	机组名称	VARCHAR2（80）	Char（21）
	系统代码	VARCHAR2（40）	
	所属电厂	CHAR（12）	
	机组发电类型	NUMBER（3）	
	机组编码第三段	NUMBER（1）	
	机组编码第四段	NUMBER（1）	
	机组编码第五段	NUMBER（1）	
	机组编码第六段	NUMBER（1）	
变电站（BD）	变电站名称	VARCHAR2（80）	Char（10）
	系统编码	VARCHAR2（40）	
	用途类型	CHAR（1）	
	省（直辖市、自治区）	NUMBER（1）	
	地（市、州、盟）	NUMBER（1）	
	县（市、旗）	NUMBER（1）	
变压器（BY）	变压器名称	VARCHAR2（80）	Char（17）
	系统编码	VARCHAR2（40）	
	所属站	CHAR（10）	
	电压等级	CHAR（2）	
	类型	NUMBER（1）	
	绕组数	NUMBER（1）	
	绝缘介质	NUMBER（1）	
	循环种类	NUMBER（1）	
线路（XL）	线路名称	VARCHAR2（80）	Char（11）
	系统编码	VARCHAR2（40）	
	电压等级	CHAR（2）	
	管理关系	NUMBER（1）	
	省（直辖市、自治区）	NUMBER（2）	

表 3（续）

类别	请 求 参 数		返回值（行标代码）
	名　称	类　型	
线路（XL）	地（市、州、盟）	NUMBER（2）	Char（11）
	县（市、旗）	NUMBER（2）	
省间线路计量点（jl）	线路计量点名称	VARCHAR2（80）	Char（13）
	系统编码	VARCHAR2（40）	
	线路编码	CHAR（14）	
	供电输送关系代码	NUMBER（1）	

5.1.3 错误处理机制

电力行业统计信息系统接收数据时一旦发生错误，电力行业统计数据报送接口应将详细的错误信息返回给相关系统，并进行错误记录分析。

管理信息系统需要对传递的信息进行判断，对不符合编码规范要求的数据进行判断。判断的方式是通过识别元素 Message 的 returnCode 属性值，其值所映射的具体错误信息详见附录 D.1。

附　录　A
（资料性附录）
电力行业统计数据指标

A.1　新增指标命名规则见表 A.1。

表 A.1　新 增 指 标 命 名 规 则

A 段名称	别名	B 段名称	别名	C 段名称	别名	D 段名称	别名	E 段名称	别名
单位	adw	本年	bbn	最大	czd	发电	dfd	电量	edl
计量点	ajl	本季	bbj	最高	czg	供电	dgd	率	el
负荷	afh	本月	bby	最低	czdi	用电	dyd	利用时间	elysj
		日	bbr	常规	ccg	购电	dgd	发生日期	efssj
		上年同月	bsnty	累计	clj	售电	dsd		
				累计最大	cljzd	线损	sxs		
				平均	cpj	损失	dss		
				电压等级	cdy	负荷	sfh		
				计划	cjh	用电装接容量	dydrl		
				总计	zj	流动性	ld	资产	zc
						非流动性	fld		
线路	axl	架空线	bjkx	直流	czl	农电	dnd	条	ets
		电缆		交流	cjl			长度（千米）	ecd
				回路	chl				
				杆路	cgl				
变电站	abd	电厂升压变电站	bsyb	变压器	cby			数量	esl
		公用普通变电站	bptb	换流站	chlz			容量	erl
		公用换流站	bhlz	换流变压器	chlb			输送能力	essnl
		企业自备变电站	bzbb	直流	czl				
无功补偿	abc	调相机	btxj			电力企业（万 kvar）	ddlqy		
		电容器	bdyq			用户自备（万 kvar）	dyhzb		
		并联电抗器	bdkq						
		静止补偿器	bbcq						
		其他	bqt						
项目	axm			计划	cjh			总投资	eztz
								完成投资	ewctz

A.2 电力行业统计数据指标集（公用部分）见表 A.2。

表 A.2　电力行业统计数据指标集（公用部分）

序号	别名	属性名	类型	单位	编写规则	校验规则	值列表	备注	序号
1	REPORT_YEAREAR	年	NUMBER（4）	无	无	值不为空；整数校验	无	2014	报送期别日期
2	REPORT_SEASON	季	NUMBER（1）	无	无	整数校验	无	3	报送期别日期
3	REPORT_MONTH	月	NUMBER（2）	无	无	整数校验	无	10	报送期别日期
4	ADR_PROVINCE	省（直辖市、自治区）	NUMBER（2）	无	无	值隶属于GB/T 2260	无	37	电厂应该为物理地址；单位应该填注册地。37 代表山东省
5	ADR_TOWN	地（市、州、盟）	NUMBER（2）	无	遵循附录 B 中"单位代码规则"进行编码	值隶属于GB/T 2260	无	02	同上
6	ADR_COUNTRY	县（区、市、旗）	NUMBER（2）	无	遵循附录 B 中"线路编码规则"进行编码	值隶属于GB/T 2260	无	83	同上
7	UNIT_CODE	统计编码	VARCHAR2（30）	无	遵循《电力行业统计编码规范》生成编码	值不为空			
8	ITEM_CODE	组织机构代码	CHAR（9）	无		上报单位组织机构			
9	REMARKS	备注	VARCHAR2（2000）	无	无	无	无	无	无

A.3 项目指标集见表 A.3。

表 A.3　项 目 指 标 集

序号	别名	属性名	类型	单位	编写规则	校验规则	值列表	备注
1	PROJECT_NAME	项目名称	VARCHAR2（400）					
2	VOITAGE_CLASS	电压等级	VARCHAR2（2）	kV	从值列表中选取，见附录表 B.3	包含于值列表；值不为空		
3	CURRENT_TYPE	电流类型	NUMBER（1）	无	从值列表中选取	包含于值列表	1-直流 2-交流	
4	PROJECT_TYPE	项目类型	VARCHAR2（3）	无	从值列表中选取	包含于值列表；值不为空	附表项目类型表	
5	PROJECT_PHASE	期别类型	VARCHAR2（3）	无	从值列表中选取	包含于值列表；值不为空	1-新建 2-续建	

表 A.3（续）

序号	别名	属性名	类型	单位	编写规则	校验规则	值列表	备注
6	DATE_OCCUR	开工日期	DATE	无	格式：YYYY-MM-DD	值不为空	无	DATE
7	PLAN_TOTAL	计划总投资	NUMBER（15，4）	万元				
8	PLAN_YEAR_TOTAL	计划总报资中本年新开工项目计划总投资	NUMBER（15，4）	万元				
9	FINISH_TOTAL	自开工累计完成投资	NUMBER（15，4）	万元				
10	PLAN_YEAR	本年计划投资	NUMBER（15，4）	万元				
11	FINISH_YEAR	本年完成投资	NUMBER（15，4）	万元				
12	BUILD_YEAR	本年完成投资按构成分（建筑工程）	NUMBER（15，4）	万元				
13	FIX_YEAR	本年完成投资按构成分（安装工程）	NUMBER（15，4）	万元				
14	SBGZ_YEAR	本年完成投资按构成分（设备工器具购置）	NUMBER（15，4）	万元				
15	ELSE_YEAR	本年完成投资按构成分（其他费用）	NUMBER（15，4）	万元				
16	ADD_YEAR	本年新增固定资产	NUMBER（15，4）	万元				
17	BUILD_ADRESS	建设地址	VARCHAR2（300）					
18	START_DATE	开工时间	DATE					
19	TOTAL_NUM	建设规模（台数）	NUMBER（15）					
20	TOTAL_VOL	建设规模（容量）	NUMBER（15，4）	万kVA				
21	TOTAL_ITEM	建设规模（条数）	NUMBER（15）					
22	TOTAL_LEN	建设规模（长度）	NUMBER（15，4）	km				
23	YEAR_NUM	本年施工规模（台数）	NUMBER（15）					
24	YEAR_VOL	本年施工规模（容量）	NUMBER（15，4）	万kVA				
25	YEAR_ITEM	本年施工规模（条数）	NUMBER（15）					
26	YEAR_LEN	本年施工规模（长度）	NUMBER（15，4）	km				

表 A.3（续）

序号	别名	属性名	类型	单位	编写规则	校验规则	值列表	备注
27	YEAR_STAR_NUM	本年新开工规模（台数）	NUMBER（15）					
28	YEAR_STAR_VOL	本年新开工规模（容量）	NUMBER（15，4）	万 kVA				
29	YEAR_STAR_ITEM	本年新开工规模（条数）	NUMBER（15）					
30	YEAR_STAR_LEN	本年新开工规模（长度）	NUMBER（15，4）	km				
31	YEAR_PLAN_NUM	本年计划投产规模（台数）	NUMBER（15）					
32	YEAR_PLAN_VOL	本年计划投产规模（容量）	NUMBER（15，4）	万 kVA				
33	COMPLETE_DATE	本年计划投产规模（投产日期）	NUMBER（15，4）					
34	YEAR_PLAN_ITEM	本年计划投产规模（条数）	NUMBER（15）					
35	YEAR_PLAN_LEN	本年计划投产规模（长度）	NUMBER（15，4）	km				
36	TOTAL_NEW_NUM	累计新增生产能力（台数）	NUMBER（15）					
37	TOTAL_NEW_VOL	累计新增生产能力（容量）	NUMBER（15，4）	万 kVA				
38	TOTAL_NEW_ITEM	累计新增生产能力（条数）	NUMBER（15）					
39	TOTAL_NEW_LEN	累计新增生产能力（长度）	NUMBER（15，4）	km				
40	YEAR_NEW_NUM	本年新增生产能力（台数）	NUMBER（15）					
41	YEAR_NEW_VOL	本年新增生产能力（容量）	NUMBER（15，4）	万 kVA				
42	YEAR_NEW_LEN	本年新增生产能力（条数）	NUMBER（15）					
43	YEAR_NEW_LEN	本年新增生产能力（长度）	NUMBER（15，4）	km				
44	NEW_ADD_DATE	本年新增生产能力（投产日期）	DATE					
45	TOTAL_FUND	自开工累计实际到位资金	NUMBER（15，4）	万元				
46	YEAR_MONEY	本年实际到位资金	NUMBER（15，4）	万元				
47	YEAR_ZB_MONEY	上年末结余资金	NUMBER（15，4）	万元				
48	YEAR_QYZYEAR_MONEY	本年实际到位资金按来源分（企业自有）	NUMBER（15，4）	万元				

表 A.3（续）

序号	别名	属性名	类型	单位	编写规则	校验规则	值列表	备注
49	YEAR_KHDK_MONEY	本年实际到位资金按来源分（开行贷款）	NUMBER（15，4）	万元				
50	YEAR_SYDK_MONEY	本年实际到位资金按来源分（商业银行贷款）	NUMBER（15，4）	万元				
51	YEAR_QTDK_MONEY	本年实际到位资金按来源分（其他长期贷款）	NUMBER（15，4）	万元				
52	YEAR_SXJJ_MONEY	本年实际到位资金按来源分（三峡基金）	NUMBER（15，4）	万元				
53	YEAR_ZXZJ_MONEY	本年实际到位资金按来源分（专项资金）	NUMBER（15，4）	万元				
54	YEAR_BOND_MONEY	本年实际到位资金按来源分（债券）	NUMBER（15，4）	万元				
55	WZ_TOTAL	本年实际到位资金按来源分（利用外资合计）	NUMBER（15，4）	万元				
56	WZ_FUNDTZ	本年实际到位资金按来源分（利用外资中的外商直接投资）	NUMBER（15，4）	万元				
57	ELSE_FUND	本年实际到位资金按来源分（其他资金来源）	NUMBER（15，4）	万元				
58	CREW_TOTAL	自开工累计完成投资按构成分（建筑工程）	NUMBER（15，4）	万元				
59	AZ_TOTAL	自开工累计完成投资按构成分（安装工程）	NUMBER（15，4）	万元				
60	SBGZ_TOTAL	自开工累计完成投资按构成分（设备工器具购置）	NUMBER（15，4）	万元				
61	ELSE_TOTAL	自开工累计完成投资按构成分（其他费用）	NUMBER（15，4）	万元				
62	ADD_TOTAL	自开工累计新增固定资产	NUMBER（15，4）	万元				
63	TOTAL_ZZ	自开工累计实际到位资金	NUMBER（15，4）	万元				

表 A.3（续）

序号	别名	属性名	类型	单位	编写规则	校验规则	值列表	备注
64	TOTAL_ZBJ	自开工累计实际到位资金中的累计资本金到位	NUMBER（15，4）	万元				
65	TOTAL_QYZTOTAL	自开工累计实际到位资金按来源分（企业自有）	NUMBER（15，4）	万元				
66	TOTAL_KHDK	自开工累计实际到位资金按来源分（开行贷款）	NUMBER（15，4）	万元				
67	TOTAL_SYDK	自开工累计实际到位资金按来源分（商业银行贷款）	NUMBER（15，4）	万元				
68	TOTAL_QTDK	自开工累计实际到位资金按来源分（其他长期贷款）	NUMBER（15，4）	万元				
69	TOTAL_SXJJ	自开工累计实际到位资金按来源分（三峡基金）	NUMBER（15，4）	万元				
70	TOTAL_ZXZJ	自开工累计实际到位资金按来源分（专项资金）	NUMBER（15，4）	万元				
71	TOTAL_BOND	自开工累计实际到位资金按来源分（债券）	NUMBER（15，4）	万元				
72	WZ_TOTAL	自开工累计实际到位资金按来源分（利用外资合计）	NUMBER（15，4）	万元				
73	WZ_FUNDTZ	自开工累计实际到位资金按来源分（利用外资中的外商直接投资）	NUMBER（15，4）	万元				
74	ELSE_FUND	其他资金来源	NUMBER（15，4）	万元				

A.4 电厂指标集见表 A.4。

表 A.4 电 厂 指 标 集

序号	别名	数据项名称	类型	校验规则	值列表	填写示例	备注
1	PLANT_NAME	电厂名称	VARCHAR2（200）				
2	VOITAGE_CLASS	电压等级	VARCHAR2（3）	从值列表中选取，见附录表 B.3	包含于值列表；值不为空		

表 A.4（续）

序号	别名	数据项名称	类型	校验规则	值列表	填写示例	备注
3	PLANT_TYPE	电厂类型	VARCHAR2（3）	无	从值列表中选取	包含于值列表	附表电厂类型表
4	DATE_OCCUR	建设日期	DATE	无	格式：YYYY-MM-DD	值不为空	无
5	ENERGY_CLASS	电厂分类按利用能源分类	VARCHAR2（20）				
6	DISPATCH_CLASS	电厂分类按调度方式分类	VARCHAR2（20）				
7	SERVICE_CLASS	电厂分类按服务对象分类	VARCHAR2（20）				
8	HOLDER_NAME	股权构成情况股东名称	VARCHAR2（200）				
9	ECONOMY_TYPE	股权构成情况经济类型	VARCHAR2（20）				
10	CAPITALR_ATIO	股权构成情况出资比例（%）	VARCHAR2（20）				
11	SUPER_UNIT	上级单位	VARCHAR2（20）				
12	BELONG_GROUP	所属集团	VARCHAR2（20）				

A.5 电厂运行指标集见表 A.5。

表 A.5 电厂运行指标集

序号	别名	数据项名称	类型	单位	填写规则	校验规则	值列表	备注
1	YEAR_END_VOL	期末发电设备容量	NUMBER（15，4）	kW				
2	YEAR_END_GR_VOL	期末发电设备容量中的供热设备容量	NUMBER（15，4）					
3	MONTH_POWER	发电量（本月合计）	NUMBER（15，4）	万 kWh				
4	MONTH_TEST_POWER	发电量（本月试运行）	NUMBER（15，4）	万 kWh				
5	YEAR_POWER	发电量（累计合计）	NUMBER（15，4）	万 kWh				
6	YEAR_TEST_POWER	发电量（累计试运行）	NUMBER（15，4）	万 kWh				
7	SWDLEN_MONTH	上网电量（本月）	NUMBER（15，4）	万 kWh				
8	SWDLEN_YEAR	上网电量（累计）	NUMBER（15，4）	万 kWh				
9	PJLYXS_MONTH	平均利用小时（本月）	NUMBER（15，4）					
10	PJLYXS_YEAR	平均利用小时（累计）	NUMBER（15，4）					

表 A.5（续）

序号	别名	数据项名称	类型	单位	填写规则	校验规则	值列表	备注
11	PJSBRLEN_MONTH	平均设备容量小时（本月）	NUMBER（15，4）					
12	PJSBRLEN_YEAR	平均设备容量（累计）	NUMBER（15，4）	kW				
13	FDMH_FDL	计算发电煤耗的发电量	NUMBER（15，4）	万 kWh				
14	FDMH_GDL	计算供电煤耗的供电量	NUMBER（15，4）	万 kWh				
15	FDXH_HJ	发电消耗标准煤量（合计）	NUMBER（15，4）	t				
16	FDXH_MZ	发电消耗标准煤量中的原煤折算量	NUMBER（15，4）	t				
17	FDXH_YEAR	发电消耗标准煤量中的燃油折算量	NUMBER（15，4）	t				
18	FDXH_TRQZ	发电消耗标准煤量中的天然气折算量	NUMBER（15，4）	t				
19	FDXH_ELSE	发电消耗标准煤量中的其他折算量	NUMBER（15，4）	t				
20	BZMH_FD	标准煤耗（发电）	NUMBER（15，4）	g/kWh				
21	BZMH_GD	标准煤耗（供电）	NUMBER（15，4）	g/kWh				
22	FDHYEAR_YEARM	发电耗用原煤、燃油和天然气量等（耗用原煤）	NUMBER（15，4）	t				
23	FDHYEAR_RY	发电耗用原煤、燃油和天然气量等（耗用燃油）	NUMBER（15，4）	t				
24	FDHYEAR_TRQ	发电耗用原煤、燃油和天然气量等（耗用天然气）	NUMBER（15，4）	万 m³				
25	GRSB_NUM	供热设备台数	NUMBER（15）					
26	YEAR_END_VOL	期末供热设备容量	NUMBER（15，4）	kW				
27	YEAR_GRL	供热量	NUMBER（15，4）	GJ				
28	GRXH_YEARM	供热燃料（消耗原煤）	NUMBER（15，4）					
29	GRXH_RY	供热燃料（消耗燃油）	NUMBER（15，4）	t				
30	GRXH_TRQ	供热燃料（消耗天然气）	NUMBER（15，4）	万 m³				
31	GRCYEAR_DL	供热厂用电（厂用电量）	NUMBER（15，4）	万 kWh				
32	GRCYEAR_DLV	供热厂用电（厂用电率）	NUMBER（15，4）	kWh/GJ				

表 A.5（续）

序号	别名	数据项名称	类型	单位	填写规则	校验规则	值列表	备注
33	GRBZM_HJ	供热标准煤量（合计）	NUMBER（15，4）	t				
34	GRBZM_MZ	供热标准煤量中的原煤折算量	NUMBER（15，4）	t				
35	GRBZM_YEARZ	供热标准煤量中的燃油折算量	NUMBER（15，4）	t				
36	GRBZM_TRQZ	供热标准煤量中的天然气折算量	NUMBER（15，4）	t				
37	GRBZ_MH	供热标准煤耗	NUMBER（15，4）	kg/GJ				
38	YEAR_BEGAIN	年初生产能力	NUMBER（15，4）	kW				
39	YEAR_NEW	本年新增能力（合计）	NUMBER（15，4）	kW				
40	YEAR_NEW_JJ	本年新增能力（基建新增）	NUMBER（15，4）	kW				
41	YEAR_NEW_JG	本年新增能力（技改新增）	NUMBER（15，4）	kW				
42	YEAR_ELSE	本年新增能力（其他新增）	NUMBER（15，4）	kW				
43	YEAR_REDUCE	本年减少能力	NUMBER（15，4）	kW				
44	CYDLEN_M_POWER	计算厂用电率的发电量（本月）	NUMBER（15，4）					
45	CYDLEN_YEAR_POWER	计算厂用电率的发电量（累计）	NUMBER（15，4）					
46	DCSCHYEAR_M_POWER	电厂生产全部耗用电量（本月）	NUMBER（15，4）					
47	DCSCHYEAR_YEAR_POWER	电厂生产全部耗用电量（累计）	NUMBER（15，4）					
48	DC_M_USE	电厂生产全部耗用电量中的发电厂用电量（本月）	NUMBER（15，4）					
49	DC_YEAR_USE	电厂生产全部耗用电量中的发电厂用电量（累计）	NUMBER（15，4）					
50	CYDLEN_MONTH	发电厂用电率（本月）	NUMBER（15，4）					
51	CYDLEN_YEAR	发电厂用电率（累计）	NUMBER（15，4）					

A.6 机组指标集见表 A.6。

表 A.6 机 组 指 标 集

序号	别名	数据项名称	类型	单位	填写规则	校验规则	值列表	备注
1	CREW_NAME	机组名称	VARCHAR2（200）					
2	PLANT_TYPE	电厂类型	VARCHAR2（3）		无	从值列表中选取	包含于值列表	
3	CREW_STATE	机组状态	NUMBER（1）		从值列表中选取	值不为空	1—新投 2—关停 3—正常	
4	CREW_CODE	发电机组类型代码	VARCHAR2（21）			值不为空		
5	CREW_VOL	机组容量	NUMBER（15，4）	kW				
6	CREW_STAR_DATE	机组投产日期	DATE					
7	QLJ_XH	汽（水）轮机型号	VARCHAR2（30）					
8	QLJ_CJ	制造厂家	VARCHAR2（30）					
9	FDJ_XH	发电机型号	VARCHAR2（30）					
10	FDJ_CJ	发电机制造厂家	VARCHAR2（30）					
11	GLEN_VOL	锅炉容量	NUMBER（15，4）	t/h				
12	GLEN_CJ	锅炉制造厂家	VARCHAR2（300）					
13	ZGDYDJ	并网最高电压等级	NUMBER（4）		从值列表中选取见附录表 B.3	包含于值列表；值不为空		

A.7 机组运行指标集见表 A.7。

表 A.7 机 组 运 行 指 标 集

序号	别名	数据项名称	类型	单位	填写规则	校验规则	值列表	备注
1	YEAR_END_VOL	期末发电设备容量	NUMBER（15，4）	kW				
2	YEAR_GR_VOL	期末发电设备容量中的供热设备容量	NUMBER（15，4）					
3	POWER	发电量（合计）	NUMBER（15，4）	万 kWh				
4	TEST_POWER	发电量（试运行）	NUMBER（15，4）	万 kWh				

表 A.7（续）

序号	别名	数据项名称	类型	单位	填写规则	校验规则	值列表	备注
5	PJLYXS	平均利用小时	NUMBER（15，4）	h				
6	PJSBRL	平均设备容量	NUMBER（15，4）	kW				
7	JSCYDLFDL	计算厂用电率的发电量	NUMBER（15，4）	万 kWh				
8	FDCYDL	发电厂用电量	NUMBER（15，4）	万 kWh				
9	FDCYDLV	发电厂用电率	NUMBER（15，4）	％				
10	FDMHFDL	计算发电煤耗的发电量	NUMBER（15，4）	万 kWh				
11	GDMHGDL	计算供电煤耗的供电量	NUMBER（15，4）	万 kWh				
12	FDXHBZM	发电消耗标准煤量	NUMBER（15，4）	t				
13	BZMH_FD	标准煤耗发电	NUMBER（15，4）	g/kWh				
14	BZMH_GD	发电耗用原煤、燃油和燃气量等（原煤供电）	NUMBER（15，4）					
15	FDHYEAR_YEARM	发电耗用原煤、燃油和燃气量等（原煤）	NUMBER（15，4）	t				
16	FDHYEAR_RL	发电耗用原煤、燃油和燃气量等（燃油）	NUMBER（15，4）	t				
17	FDHYEAR_TRQ	发电耗用原煤、燃油和燃气量等（天然气）	NUMBER（15，4）	万 m³				
18	GRL	供热量	NUMBER（15，4）	GJ				
19	GRXH_YEARM	供热燃料消耗（原煤）	NUMBER（15，4）	t				
20	GRXH_RY	供热燃料消耗（燃油）	NUMBER（15，4）	t				
21	GRXH_TRQ	供热燃料消耗（天然气）	NUMBER（15，4）	万 m³				
22	GR_CYDL	供热厂用电厂用电量	NUMBER（15，4）	万 kWh				
23	GR_CYDLV	供热厂用电厂用电率	NUMBER（15，4）	kWh/GJ				
24	GRBZML	供热标准煤量	NUMBER（15，4）	t				
25	GRBZMH	供热标准煤耗	NUMBER（15，4）	kg/GJ				

A.8 线路指标集见表 A.8。

表 A.8 线 路 指 标 集

序号	别名	数据项名称	类型	单位	填写规则	校验规则	值列表	备注
1	LINE_CONTROL	管理权	NUMBER（1）				1—国网公司直接管理 2—南网公司直接管理 3—区域公司直接管理 4—省（直辖市、自治区）管理（包括所属公司） 5—发电集团管理	
2	LINE_NAME	线路名称	VARCHAR2（400）					
3	S_ADR_PROVINCE	线路起始变电站编码	VARCHAR2（20）		无	遵循《电力行业统计编码规范》生成编码		
4	F_ADR_PROVINCE	线路结束变电站编码	VARCHAR2（20）		无	遵循《电力行业统计编码规范》生成编码		
5	LINE_NUM	条数	NUMBER（15）		无	值不为空		
6	VOITAGE_CLASS	电压等级	NUMBER（4）	kV	从值列表中选取 B.3	包含于值列表；值不为空		代表110kV
7	LEN_TOTAL	合计长度	NUMBER（15，4）	km				
8	POLE_LENINE_LEN	架空线杆路长度	NUMBER（15，4）	km				
9	RETURN_CIRCUIT_LEN	架空线回路长度合计	NUMBER（15，4）	km				
10	AGR_LEN	架空线回路长度中的供农电用长度	NUMBER（15，4）	km				
11	DC_LENINE_LEN	架空线回路长度中的直流线路长度	NUMBER（15，4）	km				
12	LINE_LEN	电缆长度	NUMBER（15，4）	km				
13	CURRENT_TYPE	电流类型	NUMBER（1）		无	从值列表中选取	包含于值列表	CURRENT_TYPE

A.9 负荷特性指标集见表 A.9。

表 A.9　负荷特性指标集

序号	别名	数据项名称	类型	填写规则	校验规则	值列表	备注
1	MONTH_LENOAD	本月	NUMBER（15，4）				
2	MONTH_LENOAD	上年同月	NUMBER（15，4）				
3	YEAR_LENOAD	本月止	NUMBER（15，4）				
4	LEN_YEAR_LENOAD	上年同月止	NUMBER（15，4）				
5	YEAR_LENOAD_DATE	本月止发生日期	DATE				
6	FH_TYPE	负荷特性指标类型	NUMBER（2）	从值列表中选取	值不为空	1—最高发电负荷（万 kW） 2—最高用电负荷（万 kW） 3—平均用电负荷率（%） 4—日最大峰谷差率（%） 5—峰谷差率最大日的最大用电负荷（万 kW） 6—最大日用电量（万 kWh） 7—日均用电量（万 kWh） 8—累计最高负荷利用小时数（h） 9—拉电条次（条次） 10—其中：110kV 及以上（条次） 11—拉、限电损失电量（万 kWh） 12—其中：拉电损失电量（万 kWh） 13—移峰影响电量（万 kWh）	

A.10　变电站指标集见表 A.10。

表 A.10　变电站指标集

序号	别名	数据项名称	类型	单位	填写规则	校验规则	值列表	备注
1	STATION_NAME	变电站名称	VARCHAR2（200）					
2	VOITAGE_CLASS	电压等级	NUMBER（4）	kV	从值列表中选取见附录表 B.3	包含于值列表值不为空		
3	STATION_TYPE	类型	NUMBER（1）		从值列表中选取	包含于值列表；值不为空	1—电厂升压变电站 2—公用普通变电站 3—公用换流站 4—企业自备变电站	

表 A.10（续）

序号	别名	数据项名称	类型	单位	填写规则	校验规则	值列表	备注
4	STATION_NUM	台数	NUMBER（15）	台				
5	STATION_VOL	容量	NUMBER（15，4）	kVA				

A.11 无功补偿指标集见表 A.11。

表 A.11 无功补偿指标集

序号	别名	数据项名称	类型	单位	填写规则	校验规则	值列表	备注
1	BC_TYPE	类型	NUMBER（1）		从值列表中选取	包含于值列表；值不为空	1—调相机 2—电容器 3—并联电抗器 4—静止补偿器 5—其他	
2	SU_DLQE	电力企业	NUMBER（15，4）	万 kvar				
3	SU_YEARHZB	用户自备	NUMBER（15，4）	万 kvar				

A.12 区域电网电量交换情况指标集见表 A.12。

表 A.12 区域电网电量交换情况指标集

序号	别名	数据项名称	类型	单位	填写规则	校验规则	值列表	备注
1	POINT_POS	计量点	VARCHAR2（20）					
2	MONTH_POWER	本月电量	NUMBER（15，4）	万 kWh				
3	LEN_MONTH_POWER	上年同月电量	NUMBER（15，4）	万 kWh				
4	YEAR_POWER	累计电量	NUMBER（15，4）	万 kWh				
5	LEN_YEAR_POWER	上年累计电量	NUMBER（15，4）	万 kWh				
6	RATED_POWER	最高负荷额定输电能力	NUMBER（15，4）	万 kW				
7	MONTH_LENOAD	本月最高负荷	NUMBER（15，4）	万 kW				
8	LEN_M_LENOAD	上年同月最高负荷	NUMBER（15，4）	万 kW				
9	YEAR_LENOAD	本月止最高负荷	NUMBER（15，4）	万 kW				
10	LEN_YEAR_LENOAD	上年同期最高负荷	NUMBER（15，4）	万 kW				

表 A.12（续）

序号	别名	数据项名称	类型	单位	填写规则	校验规则	值列表	备注
11	POINT_TYPE	计量点类型	VARCHAR2（20）		从值列表中选取	包含于值列表；值不为空	1—外网（跨省大网）输入输出 2—外省主网输入输出 3—本省主网输入输出 4—国外输入输出 5—其他	
12	LINE_CODE	所属线路编号	VARCHAR2（20）	无	遵循《电力行业统计编码规范》生成编码	值不为空上报单位组织机构		

A.13 供用电指标集见表 A.13。

表 A.13 供 用 电 指 标 集

序号	别名	数据项名称	类型	单位	填写规则	校验规则	值列表	备注
1	USER_TYPE	用电分类	VARCHAR2（12）		从值列表中选取	包含于值列表；值不为空	从附录表B.4用电分类列表中选取	
2	USER_NUM	用户个数	NUMBER（15）	个				
3	USER_VOL	用户用电装接容量	NUMBER（15，4）	kW				
4	MONTH_POWER	本月用电量	NUMBER（15，4）	万 kWh				
5	LEN_MONTH_POWER	上年同月用电量	NUMBER（15，4）	万 kWh				
6	YEAR_POWER	累计用电量	NUMBER（15，4）	万 kWh				
7	LEN_YEARPOWER	上年累计用电量	NUMBER（15，4）	万 kWh				
8	ALLEN_MONTH_GPOWER	全部供电部分本月供电量	NUMBER（15，4）	万 kWh				
9	ALLEN_YEAR_GPOWER	全部供电部分累计供电量	NUMBER（15，4）	万 kWh				
10	ALLEN_MONTH_UPOWER	全部供电部分本月净用电量	NUMBER（15，4）	万 kWh				
11	ALLEN_YEAR_UPOWER	全部供电部分累计净用电量	NUMBER（15，4）	万 kWh				
12	MONTH_LENOAD	全部供电部分本月供电最高负荷	NUMBER（15，4）	万 kW				

表 A.13（续）

序号	别名	数据项名称	类型	单位	填写规则	校验规则	值列表	备注
13	YEAR_LENOAD	全部供电部分累计供电最高负荷	NUMBER（15，4）	万 kW				
14	COM_MONTH_GPOWER	全部供电部分中电力企业部分本月供电量	NUMBER（15，4）	万 kWh				
15	COM_YEAR_GPOWER	全部供电部分中电力企业部分累计供电量	NUMBER（15，4）	万 kWh				
16	COM_MONTH_SPOWER	全部供电部分中电力企业部分本月售电量	NUMBER（15，4）	万 kWh				
17	COM_YEAR_SPOWER	全部供电部分中电力企业部分累计售电量	NUMBER（15，4）	万 kWh				
18	MONTH_LENOSS_POWER	全部供电部分中电力企业部分本月线损电量	NUMBER（15，4）	万 kWh				
19	YEAR_LENOSS_POWER	全部供电部分中电力企业部分累计线损电量	NUMBER（15，4）	万 kWh				
20	MONTH_LENOSS_RATE	全部供电部分中电力企业部分本月线损率	NUMBER（15，4）	％				
21	YEAR_LENOSS_RATE	全部供电部分中电力企业部分累计线损率	NUMBER（15，4）	％				
22	GD_KKL	供电可靠率	NUMBER（15，4）	％				
23	DYEAR_HGL	电压合格率	NUMBER（15，4）	％				
24	SD_DJ	售电单价	NUMBER（15，4）					

A.14 其他指标集见表 A.14。

表 A.14 其 他 指 标 集

序号	别名	数据项名称	单位	类型	填写规则	校验规则	值列表	备注
1	Gd_RK_HJ	供电人口合计	万人	NUMBER（15）				
2	GD_RK_NY	供电人口中的农业人口	万人	NUMBER（15）				
3	GDQYEAR_SLEN_HJ	县（市、郊、区）供电企业情况（合计）	个	NUMBER（15）				

表 A.14（续）

序号	别名	数据项名称	单位	类型	填写规则	校验规则	值列表	备注
4	GDQYEAR_SLEN_FGS	县（市、郊、区）供电企业情况（分公司）	个	NUMBER（15）				
5	GDQYEAR_SLEN_ZGX	县（市、郊、区）供电企业情况（子公司）	个	NUMBER（15）				
6	GDQYEAR_SLEN_KG	县（市、郊、区）供电企业情况（控股）	个	NUMBER（15）				
7	GDQYEAR_SLEN_DG	县（市、郊、区）供电企业情况（代管）	个	NUMBER（15）				
8	GDQYEAR_RS_NM	县级供电企业从业人员年末人数	人	NUMBER（15）				
9	GDQYEAR_RS_GDS	县级供电企业从业人员中供电所人数	人	NUMBER（15）				
10	GDS_GS	供电所个数	个	NUMBER（15）				
11	YH_ZS_HJ	合计用电客户数量总数	万户	NUMBER（15）				
12	YH_ZS_XC	县城用电客户数量总数	万户	NUMBER（15）				
13	YH_ZS_NC	农村用电客户数量总数	万户	NUMBER（15）				
14	YH_FLEN_NY	用电客户数量分类客户数量（农业生产）	万户	NUMBER（15）				
15	YH_FLEN_PG	用电客户数量分类客户数量（排灌）	万户	NUMBER（15）				
16	YH_FLEN_DGY	用电客户数量分类客户数量（大工业）	万户	NUMBER（15）				
17	YH_FLEN_FGY	用电客户数量分类客户数量（非、普工业）	万户	NUMBER（15）				
18	YH_FLEN_JNSH	用电客户数量分类客户数量（居民生活）	万户	NUMBER（15）				
19	YH_FLEN_JNZM	用电客户数量分类客户数量（非居民照明）	万户	NUMBER（15）				
20	YH_FLEN_SY	用电客户数量分类客户数量（商业）	万户	NUMBER（15）				

表 A.14（续）

序号	别名	数据项名称	单位	类型	填写规则	校验规则	值列表	备注
21	YH_FLEN_QT	用电客户数量分类客户数量（其他）	万户	NUMBER（15）				
22	ZC_ZK_FUND	资产情况（资产总计）	万元	NUMBER（15，4）				
23	ZC_LEND_HJ	资产情况（流动资产合计）	万元	NUMBER（15，4）				
24	FZC_LEND_HJ	资产情况（非流动资产合计）	万元	NUMBER（15，4）				
25	ZC_FZ_HJ	资产情况（负债合计）	万元	NUMBER（15，4）				
26	LD_FZ_HJ	资产情况（流动负债合计）	万元	NUMBER（15，4）				
27	FLD_FZ_HJ	资产情况（非流动负债合计）	万元	NUMBER（15，4）				
28	LR_YEAR_SR	利润情况（主营业务收入）	万元	NUMBER（15，4）				
29	LR_ZYEAR_CB	利润情况（主营业务成本）	万元	NUMBER（15，4）				
30	LR_ZE_QK	利润情况（利润总额）	万元	NUMBER（15，4）				
31	LR_J_SR	利润情况（净利润）	万元	NUMBER（15，4）				
32	GYEAR_ZCZ	工业总产值	万元	NUMBER（15，4）				
33	GYEAR_FUNDZ	工业增加值	万元	NUMBER（15，4）				

附 录 B
（资料性附录）
字 段 属 性 编 码

B.1 项目分类编码见表 B.1。

表 B.1 项 目 分 类 编 码

编 码			项目类型
一级	二级	三级	
100			水电
	110		常规水力发电
	120		抽水蓄能发电
200			火电
	210		燃煤发电
		211	一般燃煤发电
		212	煤矸石发电
	220		燃气发电
		221	天然气发电
		222	煤层气发电
		223	沼气发电
		224	页岩气发电
		225	煤制气发电
	230		燃油发电
	240		其他类型发电
		241	余温、余压、余气发电
		242	垃圾焚烧发电
		243	秸秆、蔗渣、林木质发电
300			核能发电
400			风力发电
	410		陆上风电
	420		海上风电
500			太阳能发电
	510		光伏发电
	520		光热发电
600			地热发电
700			海洋能发电
900			其他类型发电
A10			电池储能工程
A20			独立二次工程

表 B.1（续）

编 码			项目类型
一级	二级	三级	
A30			小型基建工程
B10			1000kV 输变电工程
B20			750kV 输变电工程
B30			500kV 输变电工程
B40			330kV 输变电工程
B50			220kV 输变电工程
B60			110kV 输变电工程
B70			66kV 输变电工程
B80			35kV 输变电工程
B90			10kV（含 20kV）及以下输变电工程
C10			±1000kV 输变电工程
C20			±800kV 输变电工程
C30			±660kV 输变电工程
C40			±500kV 输变电工程
C50			±400kV 输变电工程
C60			±400kV 以下输变电工程

B.2 电厂机组发电类型见表 B.2。

表 B.2 电厂机组发电类型编码

编 码			电厂机组发电类型
一级	二级	三级	
100			水电
	110		常规水力发电
	120		抽水蓄能发电
200			火电
	210		燃煤发电
		211	一般燃煤发电
		212	煤矸石发电
	220		燃气发电
		221	天然气发电
		222	煤层气发电
		223	沼气发电
		224	页岩气发电
		225	煤制气发电

表 B.2（续）

编　码			电厂机组发电类型
一级	二级	三级	
	230		燃油发电
	240		其他类型发电
		241	余温、余压、余气发电
		242	垃圾焚烧发电
		243	秸秆、蔗渣、林木质发电
300			核能发电
400			风力发电
	410		陆上风电
	420		海上风电
500			太阳能发电
	510		光伏发电
	520		光热发电
600			地热发电
700			海洋能发电
900			其他类型发电

注：含有细项的类型，在项目类型选择时只能选择其细项。

B.3 电压等级见表 B.3。

表 B.3 电 压 等 级 编 码

电　压　等　级	编　码
1000kV	B1
750kV	B2
500kV	B3
330kV	B4
220kV	B5
110kV	B6
66kV	B7
35kV	B8
10kV（含 20kV）及以下	B9
±1000kV	C1
±800kV	C2
±660kV	C3
±500kV	C4
±400kV	C5
±400kV 以下	C6

B.4 用电分类见表 B.4。

表 B.4 用 电 分 类

序号	用 电 分 类	编 码
1	全社会用电总计	00
2	A. 全行业用电合计	01
3	第一产业	0101
4	第二产业	0102
5	第三产业	0103
6	B. 城乡居民生活用电合计	02
7	城镇居民	0201
8	乡村居民	0202
9	全行业用电分类	03
10	一、农、林、牧、渔业	A
11	1. 农业	A01
12	2. 林业	A02
13	3. 畜牧业	A03
14	4. 渔业	A04
15	5. 农、林、牧、渔服务业	A05
16	其中：排灌	A0501
17	二、工业	BC
18	轻工业	BC01
19	重工业	BC02
20	（一）采矿业	B
21	1. 煤炭开采和洗选业	B06
22	2. 石油和天然气开采业	B07
23	3. 黑色金属矿采选业	B08
24	4. 有色金属矿采选业	B09
25	5. 非金属矿采选业	B10
26	6. 其他采矿业	B11
27	（二）制造业	C
28	1. 食品、饮料和烟草制造业	C13
29	其中：农副食品加工业	C1301
30	2. 纺织业	C17
31	3. 服装鞋帽、皮革羽绒及其制品业	C18
32	4. 木材加工及制品和家具制品业	C19
33	其中：轻工业	C1901
34	5. 造纸及纸制品业	C22

表 B.4（续）

序号	用 电 分 类	编 码
35	6. 印刷业和记录媒介的复制	C23
36	7. 文体用品制造业	C24
37	8. 石油加工、炼焦及核燃料加工业	C25
38	9. 化学原料及化学制品制造业	C26
39	其中：轻工业	C2601
40	其中：氯碱	C2602
41	电石	C2603
42	黄磷	C2604
43	其中：肥料制造	C2605
44	10. 医药制造业	C27
45	11. 化学纤维制造业	C28
46	12. 橡胶和塑料制品业	C29
47	其中：轻工业	C2901
48	13. 非金属矿物制品业	C31
49	其中：轻工业	C3101
50	其中：水泥制造	C3101
51	14. 黑色金属冶炼及压延加工业	C32
52	其中：铁合金冶炼	C3201
53	15. 有色金属冶炼及压延加工业	C33
54	其中：铝冶炼	C3301
55	16. 金属制品业	C34
56	其中：轻工业	C3401
57	17. 通用及专用设备制造业	C35
58	其中：轻工业	C3501
59	18. 交通运输、电气、电子设备制造业	C37
60	其中：轻工业	C3701
61	其中：交通运输设备制造业	C3702
62	19. 工艺品及其他制造业	C42
63	20. 废弃资源和废旧材料回收加工业	C43
64	（三）电力、燃气及水的生产和供应业	D
65	1. 电力、热力的生产和供应业	D44
66	其中：电厂生产全部耗用电量	D4401
67	线路损失电量	D4402
68	抽水蓄能抽水耗用电量	D4403
69	2. 燃气生产和供应业	D45

表 B.4（续）

序号	用 电 分 类	编 码
70	3. 水的生产和供应业	D46
71	其中：轻工业	D4601
72	三、建筑业	E
73	四、交通运输、仓储和邮政业	F
74	1. 交通运输业	F51
75	其中：城市公共交通	F5101
76	其中：管道运输业	F5102
77	其中：电气化铁路	F5103
78	2. 仓储业	F58
79	3. 邮政业	F59
80	五、信息传输、计算机服务和软件业	G
81	1. 电信和其他信息传输服务业	G60
82	2. 计算机服务和软件业	G61
83	六、商业、住宿和餐饮业	HI
84	1. 批发和零售业	H
85	2. 住宿和餐饮业	I
86	七、金融、房地产、商务及居民服务业	JK
87	1. 金融业	J
88	2. 房地产业	K
89	3. 租赁和商务服务业、居民服务和其他服务业	L
90	八、公共事业及管理组织	MN
91	1. 科学研究、技术服务和地质勘查业	M
92	其中：地质勘查业	M0001
93	2. 水利、环境和公共设施管理业	N
94	其中：水利管理业	N0001
95	其中：公共照明业	N0002
96	3. 教育、文化、体育和娱乐业	P
97	其中：教育	P0001
98	4. 卫生、社会保障和社会福利业	Q
99	5. 公共管理和社会组织、国际组织	S

注：引用 GB/T 4754—2011 国民经济行业分类标准中编码，并添加部分大类编码。

附　录　C
（资料性附录）
电力行业统计数据报送的 **XML** 文件示例

```xml
<?xml version="1.0" encoding="GB2312"?>
<xs:schema targetNamespace="http://www.epri.com.cn/Report109"
xmlns:xs="http://www.w3.org/2001/XMLSchema"
xmlns:rptPub="http://www.epri.com.cn/ReportPUB"
xmlns:rpt109="http://www.epri.com.cn/Report109" elementFormDefault="unqualified" attributeFormDefault=
"unqualified">
    <xs:import namespace="http://www.epri.com.cn/ReportPUB"
schemaLocation="http://XXXX.XXXX.XXXX.XXXX/PowerInfo/xmlTemplate/TemplateReportPUB.xsd"/>
    <xs:element name="Report1009">
        <xs:complexType>
            <xs:sequence>
                <xs:element ref="rpt109:ReportHead"/>
                <xs:element ref="rpt109:ReportBody"/>
            </xs:sequence>
        </xs:complexType>
    </xs:element>
    <xs:element name="ReportHead">
        <xs:complexType>
            <xs:attribute name="ReportName" type="xs:string" use="required"/>
            <xs:attribute name="ReportYear" type="xs:string" use="required"/>
            <xs:attribute name="ReportMonth" type="xs:string" use="required"/>
            <xs:attribute name="ReportType" type="xs:string" use="required"/>
        </xs:complexType>
    </xs:element>
    <xs:element name="ReportBody">
        <xs:complexType>
            <xs:sequence>
                <xs:element ref="rpt109:Body01"/>
            </xs:sequence>
        </xs:complexType>
    </xs:element>
    <xs:element name="Body01">
        <xs:complexType>
            <xs:choice>
                <xs:element ref="rpt109:Item" maxOccurs="unbounded"/>
            </xs:choice>
        </xs:complexType>
    </xs:element>
```

```
<xs:element name="Item">
    <xs:complexType>
        <xs:attribute name=" PLAN_TOTAL " type="xs:double" use="optional">
            <xs:annotation>
                <xs:documentation>计划总投资</xs:documentation>
            </xs:annotation>
        </xs:attribute>
        <xs:attribute name=" PLAN_YEAR_TOTAL " type="xs:double" use="optional">
            <xs:annotation>
                <xs:documentation>其中：本年新开工项目计划总投资</xs:documentation>
            </xs:annotation>
        </xs:attribute>
        <xs:attribute name=" FINISH_TOTAL " type="xs:double" use="optional">
            <xs:annotation>
                <xs:documentation>自开工累计完成投资</xs:documentation>
            </xs:annotation>
        </xs:attribute>
        <xs:attribute name=" PLAN_YEAR " type="xs:double" use="optional">
            <xs:annotation>
                <xs:documentation>本年计划投资</xs:documentation>
            </xs:annotation>
        </xs:attribute>
        <xs:attribute name=" FINISH_YEAR " type="xs:double" use="optional">
            <xs:annotation>
                <xs:documentation>计划内停机时间</xs:documentation>
            </xs:annotation>
        </xs:attribute>
        <xs:attribute name="ITEM_NAME" type="xs:string" use="optional">
            <xs:annotation>
                <xs:documentation>本年完成投资</xs:documentation>
            </xs:annotation>
        </xs:attribute>
        <xs:attribute name="SORT_CHAR" type="xs:string" use="optional">
            <xs:annotation>
                <xs:documentation>别名</xs:documentation>
            </xs:annotation>
        </xs:attribute>
    </xs:complexType>
</xs:element>
</xs:schema>
```

附　录　D

（资料性附录）

电力行业统计数据报送接口返回代码

D.1　电力行业统计数据报送接口返回代码见表 D.1。

表 D.1　电力行业统计数据报送接口返回代码

正确类型码	描　　述
code-00001	数据成功
错误类型码	错误描述
WEBSERVICE 验证［code-01xxx］	
code-01001	调用数据失败 1，失败原因：请求参数 XML 参数为空
code-01002	调用数据失败 2，失败原因：请求参数 XML 格式有误
WEBSERVICE 验证［code-02xxx］	
code-02001	验证数据失败 1，失败原因：网省单位代码错误
code-02002	验证数据失败 2，失败原因：数据年份错误
code-02003	验证数据失败 3，失败原因：数据月份错误
code-02004	验证数据失败 4，失败原因：数据类型错误
网络加密验证［code-03xxx］	
code-03001	验证网络失败 1，失败原因：未能满足保护要求，消息的主体没有加密或者被一个未知类型的令牌加密
code-03002	验证网络失败 2，失败原因：无法创建签名密钥
code-03003	验证网络失败 3，失败原因：指定的 DigestMethod 算法不受指定证书支持

中 华 人 民 共 和 国

电 力 行 业 标 准

电力行业统计数据接口规范

DL / T 1450 — 2015

*

中国电力出版社出版、发行

（北京市东城区北京站西街 19 号　100005　http://www.cepp.sgcc.com.cn）

北京博图彩色印刷有限公司印刷

*

2015 年 11 月第一版　　2015 年 11 月北京第一次印刷

880 毫米×1230 毫米　16 开本　2.5 印张　70 千字

印数 0001—3000 册

*

统一书号 155123 · 2677　定价 **21.00** 元

中国电力出版社官方微信

掌上电力书屋

1551232677

DLT 1450-2015 电力行业统计数
接口规范

￥21